Mier

Muurahainen

Muurahainen

Appel

Omena

Omena

Astronaut

Astronautti

Astronautti

Banaan

Banaani

Banaani

Mier

M_urahainen

Appel

O_en_

Astronaut

Astr__autti

Banaan

Bana__i

Beer

Karhu

Karhu

Boek

Kirja

Kirja
_____

_____

_____

Auto

Auto

Auto

Kat

Kissa

Kissa

Beer	Ka_h_
Boek	K_r_a
Auto	__to
Kat	Kis__

Maïs

Maissi

Maissi
_____
_____
_____

Hond

Koira

Koira
_____
_____
_____

Donut

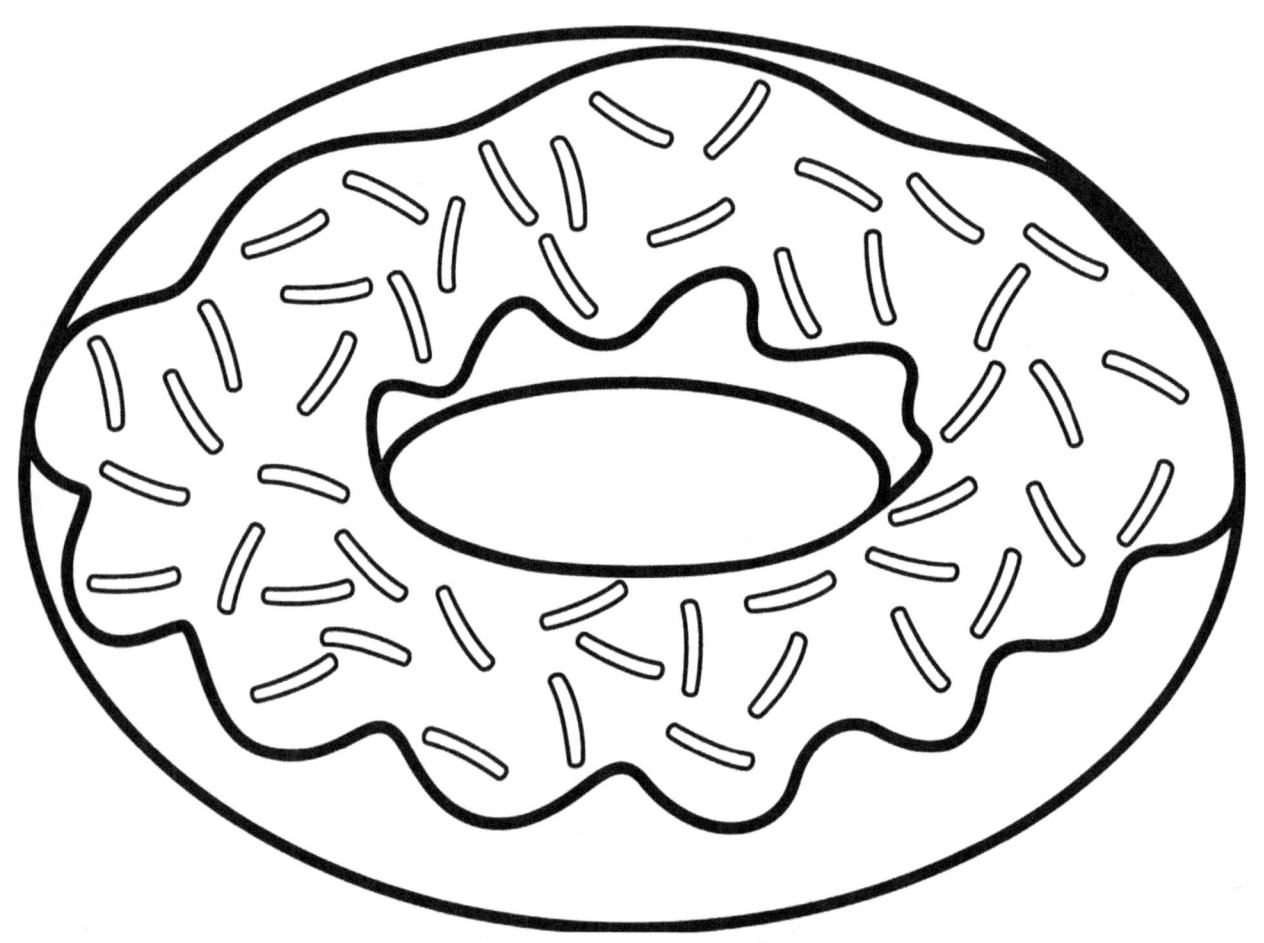

Donitsi

Donitsi
_____

_____

Trommel

Rumpu

Rumpu

Maïs

_ai_si

Hond

__ira

Donut

_oni_si

Trommel

__mpu

Slak

Etana

Etana

Zebra

Seepra

Seepra

Olifant

Elefantti

Elefantti
_____

_____

_____

Vis

Kala

Kala
_____

_____

_____

Slak

Eta_a

Zebra

See_ra

Olifant

El_f_ntti

Vis

K__a

Bloem

Kukka

Kukka

Vos

Kettu

Kettu
_____
_____
_____

Giraf

Kirahvi

Kirahvi

Bril

Silmälasit

Silmälasit

Bloem

Ku_k_

Vos

Ket__

Giraf

K_rah_i

Bril

Sil_ä_asit

Druif

Viinirypäleet

Viinirypäleet

Hamburger

Hampurilainen

Hampurilainen

Nijlpaard

Virtahepo

Virtahepo
_____
_____

Huis

Talo

Talo

Druif

V_in_rypäleet

Hamburger

Hamp_rilai_en

Nijlpaard

Virt_he_o

Huis

__lo

Ijs

Jäätelö

Jäätelö
_____

_____

_____

Leguaan

Iguaani

Iguaani

Eend

Ankka

Ankka

Jaguar

Jaguaari

Jaguaari
_____
_____
_____

Ijs	Jääte_ö
Leguaan	Igu_ani
Eend	A__ka
Jaguar	Ja__aari

Jam

Hillo

Hillo

Kwal

Meduusa

Meduusa
_____

_____

_____

Zeppelin

Zeppeliini

Zeppeliini
_____

_____

_____

Kiwi

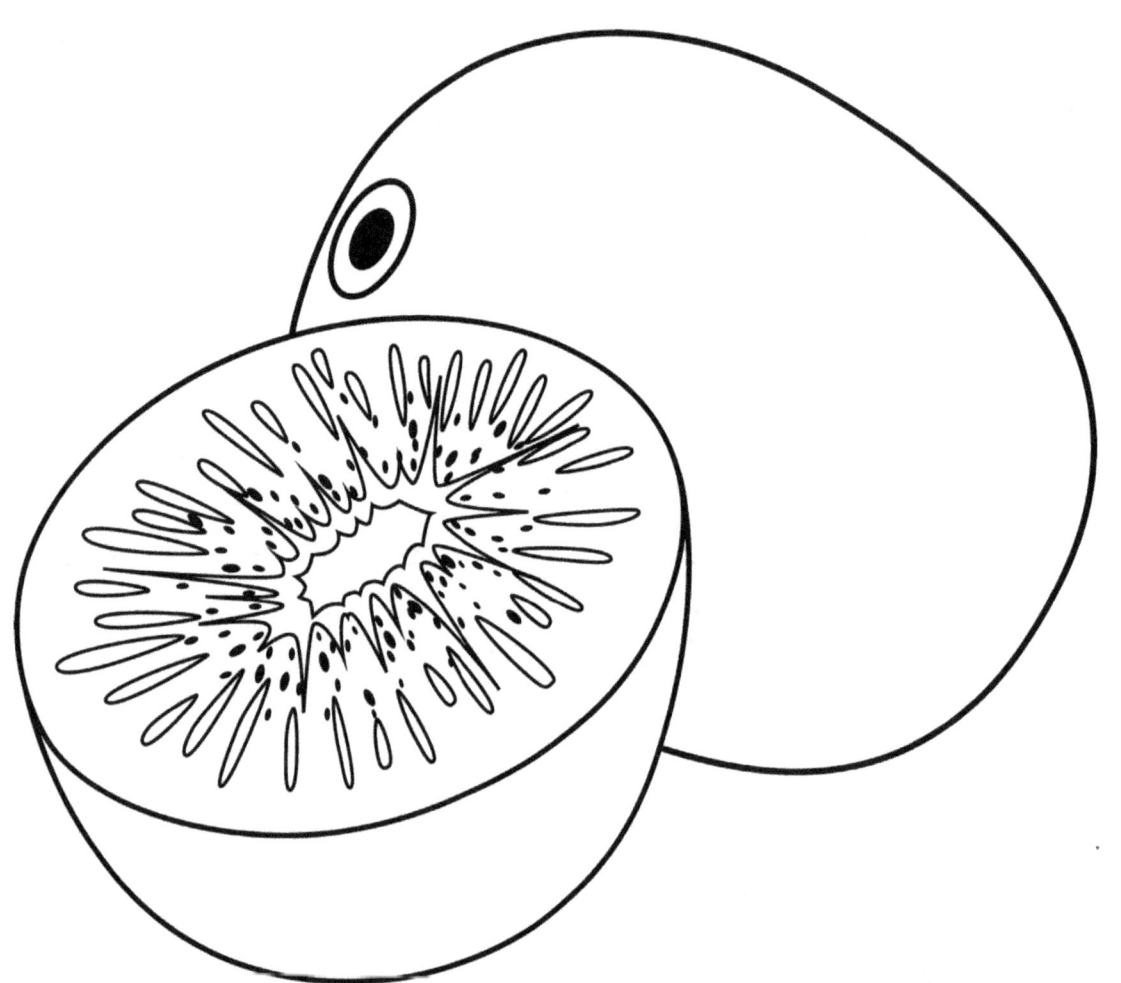

Kiivi

Kiivi
_____

_____

_____

Jam

_i_lo

Kwal

Med_usa

Zeppelin

_e_peliini

Kiwi

__ivi

Aardbei

Mansikka

Mansikka
_____

_____

_____

Bladeren

Lehdet

Lehdet

Lamp

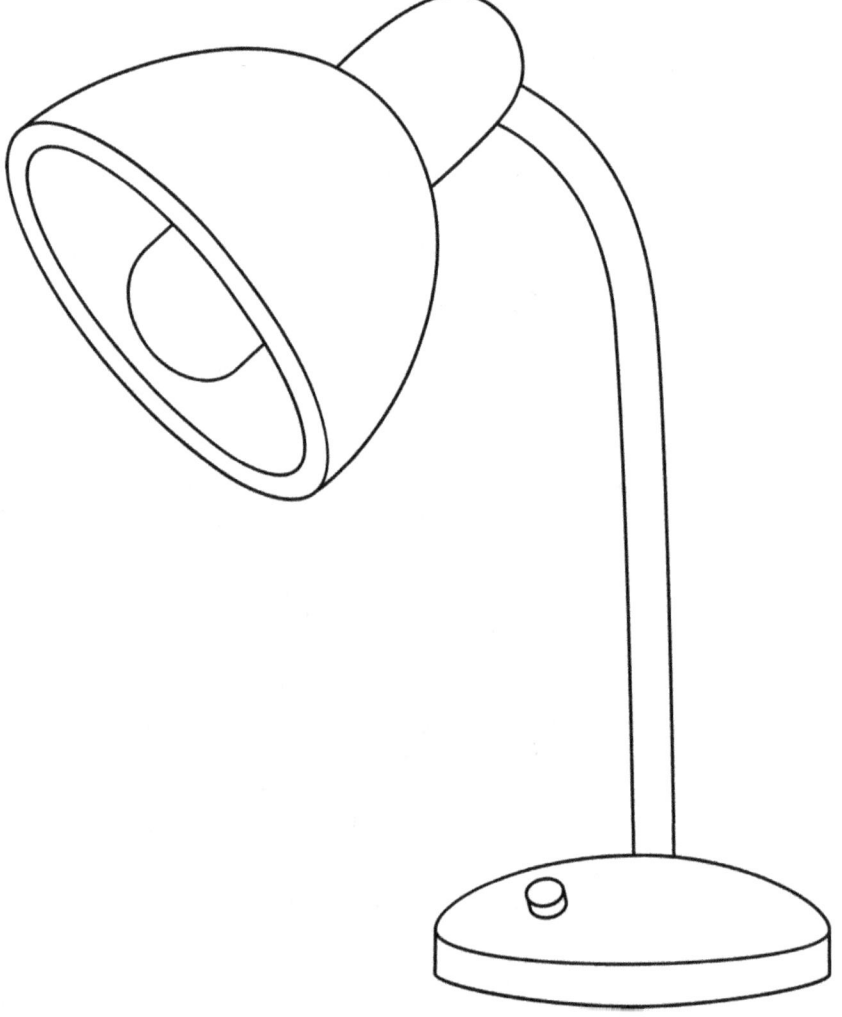

Valot

Valot

Leeuw

Leijona

Leijona

Aardbei

M_nsi_ka

Bladeren

__hdet

Lamp

Va__t

Leeuw

L_ijon_

Aap

Apina

Apina

Muis

Hiiri

Hiiri
_____
_____
_____

Vliegenzwam

Kärpässieni

Kärpässieni
_____
_____

Spijker

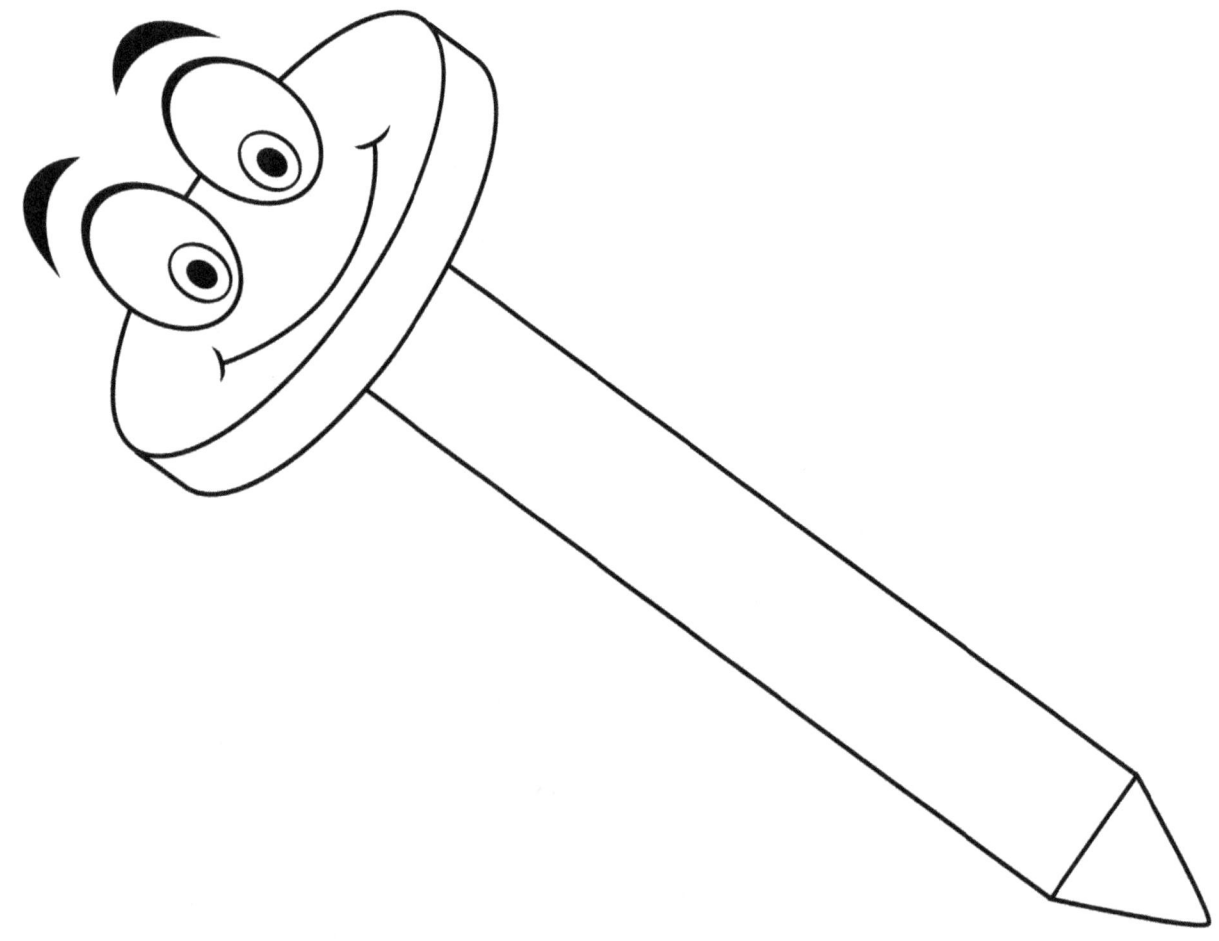

Naula

Naula

Aap

Ap__a

Muis

iir

Vliegenzwam

_ärpässi_ni

Spijker

N_ul_

Paard

Hevonen

Hevonen
_____

_____

_____

Noot

Mutteri

Mutteri

Octopus

Mustekala

Mustekala

Oranje

Appelsiini

Appelsiini

Paard	
	H_v_nen
Noot	
	Mu_te_i
Octopus	
	Muste__la
Oranje	
	A_pelsi_ni

Uil

Pöllö

Pöllö

Pen

Lyijykynä

Lyijykynä

Taart

Piirakka

Piirakka
_____

_____

_____

Varken

Sika

Sika

Uil

__llö

Pen

Lyij_ky_ä

Taart

P_ira_ka

Varken

S__a

Vogel

Lintu

Lintu

Koningin

Kuningatar

Kuningatar

Pluim

Sulkakynä

Sulkakynä
_____

_____

_____

Haas

Kani

Kani
_____
_____
_____

Vogel	
	_i_tu
Koningin	
	Kunin_ata_
Pluim	
	_ulkakynä
Haas	
	K_n_

Neushoorn

Sarvikuono

Sarvikuono
_____
_____
_____

Robot

Robotti

Robotti

Tijger

Tiikeri

Tiikeri
_____

_____

_____

Boom

Puu

Puu
_____
_____
_____

Neushoorn

__rvikuono

Robot

Ro_ott_

Tijger

_ii_eri

Boom

P__

Paraplu

Sateenvarjo

Sateenvarjo

Zee-egel

Merisiili

Merisiili
_____
_____
_____

Zon

Aurinko

Aurinko

Groente

Vihannes

Vihannes
_____
_____
_____

Paraplu	
	Sateenvarj_

Zee-egel	
	M_ris_ili

Zon	
	Au_in_o

Groente	
	Vih_n_es

Vulkaan

Tulivuori

Tulivuori
_____
_____
_____

Gier

Korppikotka

Korppikotka

Watermeloen

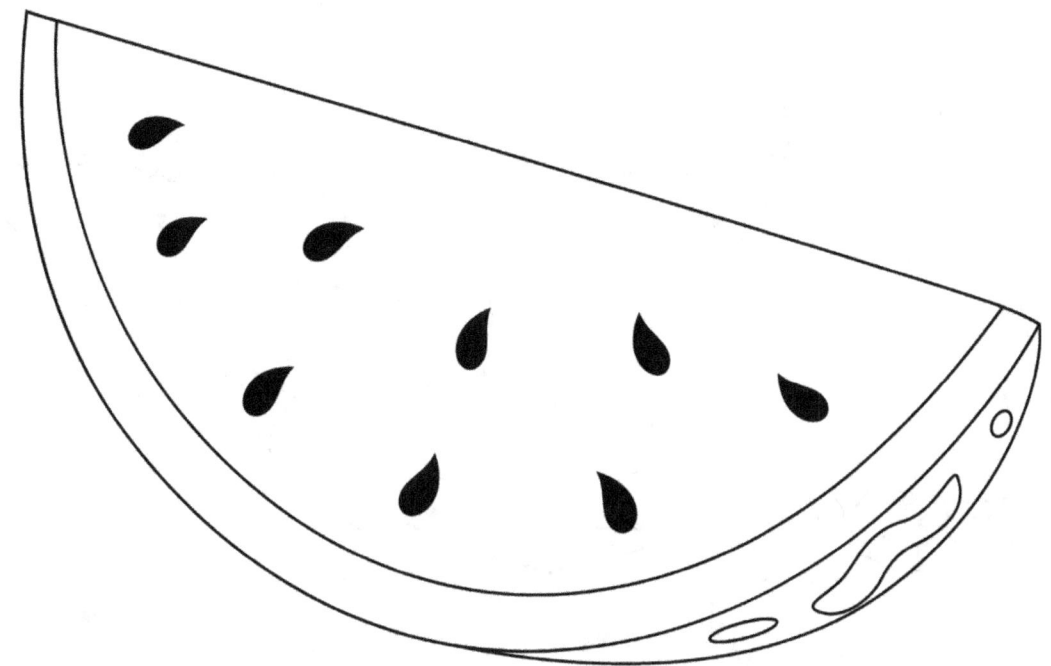

Vesimeloni

Vesimeloni
_____
_____
_____

Walvis

Valas

Valas
___
___

Vulkaan

_uli_uori

Gier

_orppikot_a

Watermeloen

Ve_im_loni

Walvis

V_l_s

Raam

Ikkuna

Ikkuna

Xylofoon

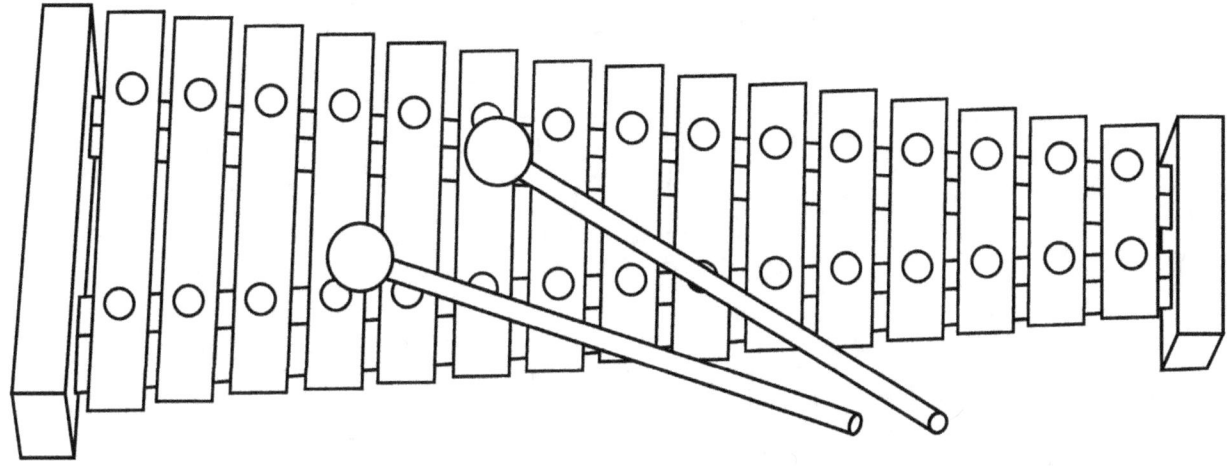

Ksylofoni

Ksylofoni

Zeilschip

Purjealus

Purjealus

Sneeuwman

Lumiukko

Lumiukko

Raam

Ik_u_a

Xylofoon

Ks_l_foni

Zeilschip

__rjealus

Sneeuwman

Lu_i_kko

Yoghurt

Jogurtti

Jogurtti

Kip

Kana

Kana
_____

_____

_____

Sleutel

Avain

Avain
_____

_____

_____

Koala

Koala

Koala

Yoghurt

J_gurtt_

Kip

_ana

Sleutel

A_ai_

Koala

K_ala

Mier	-
Appel	-
Astronaut	-
Banaan	-
Beer	-
Boek	-
Auto	-
Kat	-
Maïs	-
Hond	-
Donut	-
Trommel	-
Slak	-
Zebra	-
Olifant	-
Vis	-

Bloem	-
Vos	-
Giraf	-
Bril	-
Druif	-
Hamburger	-
Nijlpaard	-
Huis	-
Ijs	-
Leguaan	-
Eend	-
Jaguar	-
Jam	-
Kwal	-
Zeppelin	-
Kiwi	-
Aardbei	-

Bladeren	-
Lamp	-
Leeuw	-
Aap	-
Muis	-
Vliegenzwam	-
Spijker	-
Paard	-
Noot	-
Octopus	-
Oranje	-
Uil	-
Pen	-
Taart	-
Varken	-
Vogel	-
Koningin	-

Pluim	-
Haas	-
Neushoorn	-
Robot	-
Tijger	-
Boom	-
Paraplu	-
Zee-egel	-
Zon	-
Groente	-
Vulkaan	-
Gier	-
Watermeloen	-
Walvis	-
Raam	-
Xylofoon	-
Zeilschip	-

Sneeuwman	-
Yoghurt	-
Kip	-
Sleutel	-
Koala	-

© nerdMedia 2018

This work, including all its parts, is protected by copyright. Any use is not permitted without the author's consent. This applies in particular to copying, translation, storage and processing in electronic systems. Contact: Dirk Kolodziej/Peppermühl 9/48249 Dülmen/Germany info4us@nerdmedia.eu Cover design: nerdMedia Cover photo: depositphotos.com - Print Output Black & White: Amazon Media EU S.Ã .r.l./5 Rue Plaetis/L-2338 Luxembourg

www.ingramcontent.com/pod-product-compliance
Lightning Source LLC
Chambersburg PA
CBHW062331220526
45469CB00008B/2668